我要安全

给孩子的安全书

饮食安全

世纪新华 / 编著

天地出版社 | TIANDI PRESS

图书在版编目（CIP）数据

给孩子的安全书 . 饮食安全 / 世纪新华编著 . 一 成都 : 天地出版社 , 2020.1（2020.7 重印）
ISBN 978-7-5455-5300-0

Ⅰ . ①给… Ⅱ . ①世… Ⅲ . ①饮食卫生－少儿读物 Ⅳ . ① X956-49

中国版本图书馆 CIP 数据核字（2019）第 233729 号

GEI HAIZI DE ANQUAN SHU

给孩子的安全书

YINSHI ANQUAN

饮食安全

出品人	杨 政	
编 著	世纪新华	
责任编辑	李 蕊 夏 杰	
装帧设计	宋双成	
责任印制	董建臣	

出版发行	天地出版社
	（成都市槐树街 2 号 邮政编码：610014）
	（北京市方庄芳群园 3 区 3 号 邮政编码：100078）
网 址	http://www.tiandiph.com
电子邮箱	tianditg@163.com
经 销	新华文轩出版传媒股份有限公司

印 刷	三河市兴国印务有限公司
版 次	2020 年 1 月第 1 版
印 次	2020 年 7 月第 2 次印刷
开 本	787mm×1092mm 1/16
印 张	9
字 数	144 千
定 价	19.80 元
书 号	978-7-5455-5300-0

锵锵

性格开朗，活泼好动，勇敢坚强，重义气，满脑子的奇思妙想，经常和李木子斗嘴。

李木子

伶俐可爱，喜欢花花草草，爱冒险，爱幻想。

辛辛

锵锵的小智囊，冷静理智，又不乏幽默。

铿锵爸爸

工程师，诙谐幽默，与锵锵亦师亦友。

百合妈妈

白衣天使，美丽温柔，典型的贤妻良母。

目录

目录

你的手好脏

我们光顾着玩的时候，可能会忘记洗手就抓起食物吃，却不知随口吃进去多少病菌。

阳春三月，暖意融融，正是踏青的好时节。爱玩闹的锵锵当然不会错过这份大自然的恩赐，趁着周末天气晴好，便拽着辛辛来到郊外放风筝。

蓝蓝的天空中，除了大片的雪白云朵，还上下浮动着不少色彩斑斓的风筝，有这份闲情逸致的当然不会只有那两个顽皮的孩子。瞧，郊外的空地上还真是分外热闹，不少人都扯着长长的风筝线，或是奔跑，或是抬头望着。

喂，辛辛，看我的风筝飞得多高！

离我的风筝远点。

哈哈，它俩是绝配呀。

瞧，它们缠到一块儿了。

可是，他的笑容刚刚绽放到嘴角，就见那两只风筝纠缠着开始坠落。

啊！我的风筝呀！

唉，两只苦命的风筝，注定你们只能做"昙花"了。

为了缅怀你们，我决定化悲痛为食量，我要吃饭！

锵锵忙着在草地上铺餐布，摆食物。眨眼间，餐布便被摆得满满当当：面包、蛋糕、汉堡、鸡腿、豆腐干、火腿肠、饭团、水果……果香混合着糕点的甜香顿时引得俩孩子口水直流。

瞧你的小脏手，上面沾满了土渣，赶紧用水洗一下。

等等……

嘻嘻，不干不净吃了没病嘛。

"嘻嘻，不干不净吃了没病嘛。"辛辛嬉皮笑脸地又要去拿鸡腿，结果被锵锵毫不留情地给拍了回去。

你想肚子疼啊？你的小脏手上不知道藏了多少细菌，不洗干净的话，很容易生病的。

只用矿泉水恐怕也洗不干净吧？

"你想肚子疼啊？"锵锵一本正经，"你的小脏手上不知道藏了多少细菌，不洗干净的话，很容易生病的。"

"只用矿泉水恐怕也洗不干净吧？"辛辛挑挑眉。

所以我才准备了筷子和叉子啊。

啊，我的鸡腿！

"啊，我的鸡腿！"辛辛无比懊恼，只能眼睁睁地看着锵锵夹起鸡腿先吃起来。

安全提示

我们在洗手时，也要将指甲缝洗干净，因为那里面隐藏了很多细菌。若是指甲太长，可先将指甲剪短，然后再清洗。

1. 不干净的手上藏满了细菌

不干净的手上藏满了细菌，所以我们在吃东西前一定要先将手洗干净，以免将细菌吃进肚子里。

2. 用肥皂或是洗手液

为了将手洗得更干净，可将手用清水冲洗后，打上肥皂或是洗手液轻轻揉搓，然后再冲洗干净。

3. 这样洗手才正确

洗手也是有学问的，这样洗才干净：

（1）掌心相对，手指并拢，相互揉搓；

（2）手心对手背沿着指缝相互揉搓，并交换进行；

（3）掌心相对，双手交叉指缝间相互揉搓；

（4）两手互握，互相摩擦；

（5）一手握住另一手大拇指旋转揉搓；

（6）将手指尖并拢，并放在另一手掌心旋转揉搓。

狼吞虎咽的"恶果"

有时，我们为了节省时间，或是饿得太狠，在吃东西时难免会狼吞虎咽，却不知这样在无形中对我们的身体造成了伤害。

锵锵最不喜欢的就是蛋炒饭，不巧的是，今天中午学校的午餐偏偏就是蛋炒饭，他只快快地扒拉了两口就放下了筷子。结果，还没到放学的时间，锵锵的肚子就唱起了"空城计"，那咕噜噜的声音惹得辛辛憋着想笑。锵锵狠狠地瞪了他一眼，愁眉苦脸地捂住了自己饿瘪的肚子。

好不容易熬到了放学，锵锵顾不上与同学告别，就匆匆奔回了家。推开门，他只觉得满屋子飘的都是浓浓的饭菜香。

锵锵吧唧着小嘴，恨不能立刻就捏一块儿解馋，手随心动，他的手慢慢伸向了盘子，却被铿锵爸爸一下给拍了回去："洗手去！"

锵锵吐吐舌头，匆匆去洗过手后坐在了餐桌前，他接过百合妈妈递过来的米饭，开始大快朵颐，那吃相实在不怎么美观。

瞧，他一筷子夹起了一大块红烧肉，将嘴巴塞得满满的，还不断往嘴里填食物。看着他那被撑得鼓鼓的嘴巴，还有手上那一刻不停的筷子，百合妈妈皱紧了眉头。

"再饿也要慢些吃。"百合妈妈怜爱地看着儿子，"你这样狼吞虎咽，胃会承受不住的。"

"嘿嘿，我不会那么倒霉的。"锵锵咧着塞满饭菜的小嘴，笑得一脸灿烂。只是，很快他就笑不起来了，那一阵强似一阵的腹痛将他折腾得只能窝在床上，连最喜爱的动画片都没心思去看了。

安全提示

　　当我们吃一些鱼类食物时，更要细嚼慢咽，若是狼吞虎咽的话，很可能咽喉会被鱼刺卡住，对我们的身体造成伤害。

自助解答

1. 细嚼慢咽的好处

当我们在用餐时，一定要细嚼慢咽，这不但有助于食物的消化和吸收，减轻胃的负担，而且也能够充分享受食物的美味。

2. 狼吞虎咽的坏处

狼吞虎咽地吃东西，不但不利于食物营养的吸收，而且容易导致体内积食，增加肠胃负担，甚至还会引起肥胖。

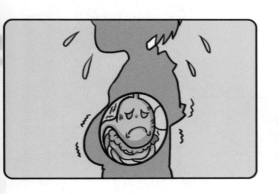

3. 及时就医

当我们腹痛难忍时，应及时到医院就诊，不要随便自行服药。

撑死我了

　　面对自己喜欢的食物，我们不免胃口大开，恨不能将其全都塞进肚子里，结果肚子被撑得难受，害得我们坐卧难安。

周六恰逢李木子的生日，她早跟妈妈有过约定，今年的生日由她自己安排，妈妈不许插手。要知道，她早就想开一个生日派对了，这次终于遂愿。

　　这不，她早早地就来到了×××，刚将妈妈送给她的百合花插进花瓶里，锵锵与辛辛就笑嘻嘻地进来了。

"谢谢。"李木子边说边请两位好朋友入座。只见餐盘上挤满了食物：两个大汉堡，两袋薯条，一根玉米，两个炸鸡翅，两块鸡排，一大杯可乐……

锵锵开心地坐下："哇，这么多好吃的。"说完，他便拿起汉堡狠狠地咬了一口，又随手抓起了几根薯条，一股脑儿地塞进了嘴巴里。

呃，你慢点吃。

没事儿，真是人间美味呀……

很快，锵锵面前的餐盘上就只剩下几根孤零零的薯条，他满足地打着饱嗝，抬头看看对面那目瞪口呆的两个人。

汗珠瞬间从锵锵的小脸上滚落下来，吓坏了另外两个孩子。

安全提示

我们用餐时，应以七八分饱为宜，经常吃得过饱可能会导致肥胖和大脑早衰。

自助解答

1. 吃饭不宜过饱

　　用餐时若吃得太饱，不但会令肚子胀得难受，增加肠胃负担，而且会积累脂肪，令我们变胖。

2. 可进行适当运动

　　若是吃得过饱，我们可进行适当的运动（如散步），来帮助消化。但饭后不宜马上进行剧烈运动。

3. 及时就医

　　当我们感觉肚胀难忍或是出现胀气等情况时，应及时到医院就诊。

我被噎住了

若是我们吃东西太快，还没来得及咀嚼就吞咽下去，便很容易被食物噎住。而被噎住的滋味，实在是不怎么舒服。

刚经历了一场差点被食物撑破肚皮的风波，不长记性的锵锵又上演了一幕险些被桃子噎得喘不上气的闹剧。

当然，事情的起因还是要从那次生日餐说起，李木子一直认为那是自己的过错，为了弥补自己的过失，她特意买来了一大兜锵锵最爱吃的桃子，又亲自在厨房里忙活了一番，才将洗干净的桃子放在了茶几上。

望着那躺在水晶盘子里的粉粉的桃子，锵锵忍不住吞了吞口水，他嘿嘿笑了两声，挑了个又大又嫩的桃子，放在鼻子前闻了又闻。

"那就赶紧吃啊。"李木子好笑地点着锵锵的额头，自己也顺手拿起了一个桃子，张嘴就毫不客气地咬了一口。

"不会，不会，我只吃两个。"锵锵含糊地答着，又咬了一大口桃子，囫囵咽了下去，只是那桃子块儿着实不小，正巧就卡在了喉咙里，上不来也下不去。

安全提示

食物较大较硬时，我们不要强行吞下，要先咀嚼，否则很容易被噎住。

自助解答

1. 吃东西时不要太快

不加咀嚼、狼吞虎咽很容易致使喉咙堵塞，从而被食物噎着。

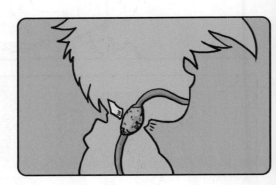

2. 让食物吞下去或是吐出来

当我们被食物噎住时，应立即向身边的人求助，让他们拍我们的后背，或是反身抱住我们，然后将手伸进我们的嘴里按压小舌，从而让我们将食物吞下，或是吐出来。

3. 及时就医

当方法不能奏效时，应及时到医院就诊。

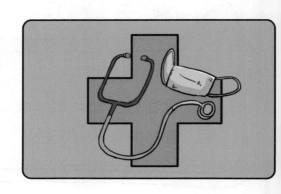

小心鱼刺

当我们吃鱼时，有时会不小心被鱼刺卡到，而这时，我们又该怎么做呢？

　　"哇，好香啊。"刚一进门，锵锵就闻到了一股浓郁的饭菜香，他不由得推开了厨房的门，只见百合妈妈正系着围裙，忙得团团转。

没有让锵锵久等，武昌鱼便上了桌，再配上几道不错的家常菜，还真是丰盛呢！

那还愣着干吗？赶紧吃呀！

哇，光看着就觉得好吃。

嗯。好吃！

就这样，他的筷子一个劲儿地伸向那盘鱼，一口又一口，突然，他觉得有什么尖尖的东西卡住了喉咙。

"被鱼刺卡到了？"百合妈妈担忧地问。

"嗯。"锵锵痛苦地点点头。

"那你感觉扎得深不深呢？"百合妈妈边说边奔去了厨房，可怜的锵锵只感觉喉咙处别扭得要命，还有点疼，至于深不深他根本就说不清楚。

来，喝点醋。这是个土方，应该有效果的。

好酸呢！

　　"好酸呢！"锵锵捏着鼻子好不容易将醋喝了进去，可那根鱼刺依然一动不动地卡在原处。这么一折腾，锵锵是真的想哭了。

安全提示

　　我们在吃鱼时，应慢慢吃，而且当鱼肉进入口中时，就不宜再说话了。

自助解答

1. 被鱼刺卡不能这样做

不要试图通过囫囵吞咽大块馒头，或是喝醋来去除鱼刺。这样不但不能达到目的，有时反而会适得其反，严重时甚至会划伤喉咙、食管，引起出血发炎。

2. 被较大较硬的鱼刺卡住怎么办

这类鱼刺无论我们如何做吞咽动作，也无法将其咽下去。喉咙的入口四周如果都看不见鱼刺时，要及时到医院就诊。

3. 鱼刺还在吗

当我们大口咽饭，感觉鱼刺依然存在时，要先观察一下，有时鱼刺虽然已经除掉，但还会遗留有鱼刺的感觉。如果长时间仍旧感到不适，应及时到医院就诊。

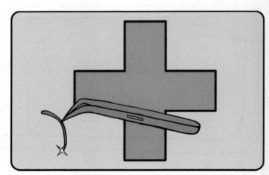

生水的诱惑

炎炎夏日，喝生水似乎比喝白开水要过瘾得多，清凉又解渴，却不知因此喝进去了多少安全隐患。

　　六月的天，干热干热的，太阳像个大火球似的挂在天空，将操场烤得炙热无比，就连草坪上的小草似乎都在冒着热气。

　　锵锵趴在窗台上，脸上愁云密布，拧着眉看着窗外那火辣辣的天和地。

喂，你愁什么呢？

这节课可是体育课呢。

哇，哇，烫死我了。

锵锵无精打采地下了楼，无精打采地来到了操场上，又无精打采地重复做着体育老师所教的跳箱动作。

就这样，好不容易熬到了下课，蔫蔫的锵锵才有了活力，他一路冲到了卫生间，二话不说就打开了水龙头。听着那哗哗的水流声，锵锵长长地舒了口气，他抹了把汗，将头伸到水龙头底下，任凭那凉水冲到头上。

冲完头，锵锵又仰头对着水龙头咕咚咕咚喝了好多生水。直到暑热散尽才回到教室。

可是，到了第二堂课，就在其他同学聚精会神地听课时，锵锵却感觉自己的肚子像是有千军万马踩过般疼痛……

安全提示

对我们来说，无论在哪个季节，白开水都是最好的饮料。

1.生水是喝不得的

　　生水中含有多种病菌，一旦我们喝下去，很容易出现肠胃方面的疾病，所以，尽量不要去喝生水。

2.及时报告老师

　　当我们在学校突发肚子疼时，应及时报告老师，在老师的安排下到校医务室就诊。

3.及时到医院就诊

　　如果病情严重，我们要及时到医院就诊。

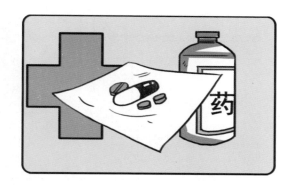

染色馒头有害

带颜色的馒头似乎更能勾起我们的食欲，吃起来也感觉香甜很多。但令人胆寒的是，我们可能因此吃进了不少化学染剂。

这天中午，学校的午餐又是蛋炒饭，锵锵的眉头皱了又皱，只强忍着吃了两口。所以，他整个下午又在忍受饥饿中度过了。好不容易熬到了放学，他捂着肚子慢吞吞地回到了家。

推开门，他并没有闻到熟悉的饭菜香，厨房里也没有以往的热闹，只有铿锵爸爸像一尊佛似的陷在沙发里看报纸。

"嗯。"锵锵狠狠地咬了一大口馒头，"好甜，比妈妈蒸得好吃多了。"

"你们两个在说我什么呢？"百合妈妈不知什么时候进的门，正笑嘻嘻地看着父子俩。

"妈妈，我们在说馒头哦。"锵锵晃了晃手中的馒头，可没想到，百合妈妈只瞄了那馒头一眼，就一下变了脸色，她一把抢过儿子手中的馒头，顺手就丢进了垃圾桶里，看得父子俩面面相觑。

"你这么关注新闻，不知道染色馒头有害吗？"百合妈妈无视锵锵的抗议，直接将矛头对准了铿锵爸爸。

39

⚠ 安全提示

为了让全家人吃上放心的馒头，家长可以买些健康配料在家里自己做。

自助解答

1. 染色馒头的危害

染色馒头一般都会添加柠檬黄、色香油等色素，若是长期食用或是一次性食用太多染色馒头，则很可能会引起过敏、腹泻等症状。时间久了，甚至会对我们的肝、肾产生危害。

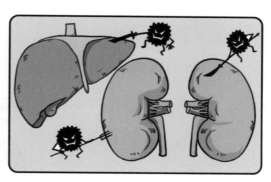

2. 馒头并不是越白越好

当我们在超市买馒头时，应选那些颜色自然的馒头为宜。

3. 如何买馒头

（1）看标志；

（2）看标签；

（3）看颜色；

（4）闻香气；

（5）品口感。

干燥剂不能吃

干燥剂经常被包装得小巧玲珑，"藏"在零食的包装袋里。若是我们在吃零食时，不小心吞食了它们，又该怎么办呢？

　　超市里，李木子与锵锵正推着购物车在货架之间穿梭。超市里的人还真是不少，俩孩子左躲右闪好不容易来到了零食区。看着那一排排的零食，李木子伸手就拿了一袋开心果，又抓了一袋牛肉干放进了购物车里。

你不是要减肥吗，怎么还吃这些高热量的东西？

我宣布，今天要停止减肥计划。你有意见吗？

随便你，到时候别抱怨我没提醒你哦。

才不会。

走啦，去结账了，人可真多！

就这样，俩孩子推着那一车的零食，又排了很长的队才结好账。

垃圾箱

结果，才走了没几步，锵锵就借口走不动路，直接赖在了超市的休息椅上，然后还很不客气地拿起了一袋牛肉干，唰唰打开之后，就塞了一块到嘴里，全然不顾李木子的横眉冷目。

"很好吃的，喏，你尝一块。"锵锵嬉皮笑脸地将牛肉干递给李木子，面对着那张大大的笑脸，李木子再也板不住脸，瞪了他一眼，就拿了一块放进嘴里。

他的动作可真是迅速，只几秒钟便将那小纸包拆掉，看着里面的那些颗粒物，他忍不住捏起几粒直接就扔进了嘴里。

"啊？你在做什么？"李木子才反应过来，指着那个小纸包急得直哆嗦，"这是干燥剂，不能吃的。"

啊？你在做什么？这是干燥剂，不能吃的。

啊？你怎么不早说？！

我都已经咽下去了。

你动作太快了，我根本就没注意。

别哭了，咱们还是赶紧去医院吧！

垃圾箱

安全提示

当我们误食氧化钙干燥剂时，千万不能食用任何酸类的物质来进行中和，也不可自行催吐。

1. 认清干燥剂

干燥剂常被放在食品包装袋里，用来保持食品干燥。常见的干燥剂有硅胶干燥剂、氯化钙干燥剂、氧化钙干燥剂。

2. 误食不同的干燥剂，有不同的自救方法

（1）硅胶干燥剂：该类干燥剂一般是透明无毒性的，不会被肠道吸收，可随粪便排出，所以误食此类干燥剂时，不用太过担心，通常不需要做任何处理。

（2）氯化钙干燥剂：该类干燥剂，具有轻微的刺激性，若是误食，可喝水进行稀释。

（3）氧化钙干燥剂：该类干燥剂为生石灰，遇水后会变成具有腐蚀性的氢氧化钙，所以误食后，应立即口服牛奶进行稀释，再尽快到医院做进一步的处理。

饭后不要剧烈运动

相信有很多人都喜欢在饭后进行运动，还美其名曰为了"消食"，却不知运动不当容易埋下健康隐患。

"哇哦，终于吃饱了！"锵锵放下筷子，满足地摸着小肚皮，他懒洋洋地靠在椅背上，居然有点昏昏欲睡。还好，没等百合妈妈发火，刺耳的电话铃声就将他及时"呼"了起来，电话那头传来了辛辛快乐的声音，而他带来的消息更是让锵锵睡意全无，兴奋不已。

原来，辛辛从亲戚那里得了两张海洋馆的门票，特意邀请锵锵和他一起去看海豚表演。

"哦耶！"放下电话，锵锵一下蹿了起来，喜滋滋地在客厅里打着转。要不是百合妈妈提醒他不要迟到，他也许还会再转两圈才能平复兴奋的心情。

于是，赶时间的他只向百合妈妈比了个"OK"的手势，便急匆匆地跑下了楼，又急匆匆地往海洋馆奔去。只是，锵锵忘记了自己在不久前，才吃完一大碗饭、一大堆菜，它们此时正搅和在一起，在他的肚子里翻江倒海，一波一波地开始提出"抗议"，因为它们只想安静地被消化，实在不喜欢主人这般狂奔乱跳。

这下，它们的主人终于尝到厉害了，瞧，锵锵一手扶着一棵梧桐树呼哧呼哧地喘着粗气，而另外一只手则放在了肚子上。此时的他只感觉腹中像是有千军万马在厮杀，很疼，很疼……冷汗已经布满了他的额头，而他也已经意识到这都是自己在饭后就开始剧烈运动惹的祸。

安全提示

我们在饭后可进行一些适宜的运动，如散步，但不能马上进行剧烈运动。

自助解答

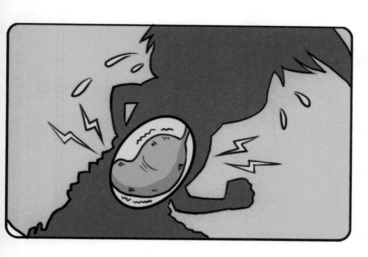

1. 饭后剧烈运动的坏处

（1）饭后剧烈运动会加重食物对胃部的刺激，容易让我们产生腹痛、恶心、呕吐的症状；

（2）饭后剧烈运动不但会影响肠胃对食物的消化和吸收，而且会致使骨骼和肌肉发生供血不足的状况，从而影响我们的身体健康。

2. 及时就医

当我们感觉腹痛难忍时，不要再强行忍耐，应及时到医院就诊。

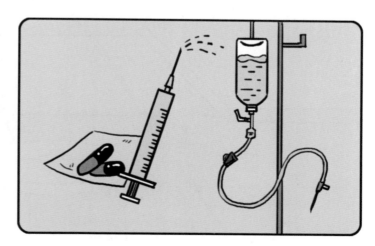

喝水居然被呛着

有时，在不经意间，即便是喝白开水我们也会被呛到。此时，我们又该怎么做呢？

盛夏七月，温度高得吓人，树叶蔫乎乎地挂在枝杈上，偶尔有风吹过，树叶也只轻轻地摇摆；那股风扑在脸上、身上，愈发显得热气灼人。

不过，这天再热，也抵不过锵锵爬山的热情，瞧，他戴着太阳帽，背着背包爬得正起兴。只是，却苦了他拖来的另外两人：辛辛满头大汗，眉毛都皱在了一起，他在心中不知暗骂了锵锵多少次；李木子额前的碎发湿漉漉地粘在额头上，粉色的T恤几乎已经湿透，此时，她正满腹怨气地盯着那"始作俑者"的背影。

喂，七月的勇士，咱歇会吧？

这才爬了几步路啊，你们居然累成这样？

李木子边喊累边拿起水，仰头咕嘟咕嘟地喝了起来。也许是喝得太急了，她居然被水给呛到了，剧烈地咳嗽起来。只见她半跪在草地上，双手扶着胸口，随着那"咳咳"的声音，她的肩膀微微地颤抖着，眼角也沁出了泪珠……这可吓坏了另外两个孩子，不知所措地愣在了原地……

安全提示

当我们喝水时，一不可太急，二不可边说话边喝水。

自助解答

1. 喝水时不要急

我们在喝水时，千万不可太急，否则很容易让水流进气管，引起咳嗽，甚至会出现更严重的危险。

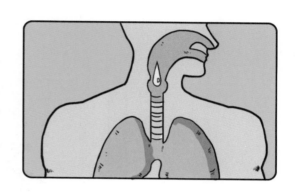

2. 被水呛到怎么办

当被水呛到时，我们不妨低头，稍微用力捶自己的胸口，咳嗽几下一般就会没事儿。

3. 及时就医

当情况严重时，要及时到医院就诊。

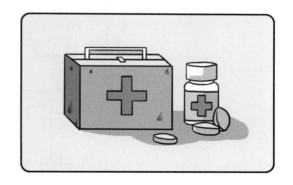

残留的农药

各种鲜美的水果，表皮上可能会有残留的农药，若是不洗干净就吃，很容易对我们的身体造成伤害。

那日，在锵锵的软磨硬泡下，李木子顶着火辣辣的太阳强撑着爬到了半山腰，结果不但经历了一场被水呛到的风波，脸也被晒黑了。今天喜欢荷花的李木子想去荷塘公园赏花，便拉锵锵作陪。

对荷花兴趣不浓的锵锵没一会儿便开始不耐烦，跑东跑西，看似兴高采烈地赏荷，脚下却毫无流连之意，心里着急离开。可李木子还没欣赏够呢。

不等锵锵做出反应，李木子便小跑着往水果摊那边奔去。

　　没一会儿，李木子便提回了一袋梨，锵锵不管三七二十一抓起了一个硕大的梨，拿手擦擦就放进了嘴里。

嘿，拿水洗一下啊。

顾不上了。哇，可真甜，真过瘾。

可是，就在他们看荷花看得正在兴头上时，锵锵突然感觉肚子一阵绞痛，他本以为忍忍就会过去，可谁知这疼痛却一波强似一波，最后竟然疼得站不起来，吓得李木子赶紧拨打了120。

安全提示

在洗水果时，应先用专门洗水果的清洁剂，再用清水反复清洗，以免农药和清洁剂残留在上面。

自助解答

1. 吃水果要清洗干净或削皮

在吃水果前，一定要将水果清洗干净或削皮，以防有残留的农药，对我们的健康造成影响。

2. 及时就医

当我们吃了没有洗净的水果后，突然感觉腹痛难忍时，要及时到医院就诊。

饭桌上的欢笑

古语有云"食不语，寝不言"，可是我们很多时候都是边吃饭边谈笑，所以难免会出现像锵锵所发生的这种意外。

一连下了几天雨后，天终于在周日放晴了，经过雨水的洗涤，天空显得蔚蓝无比，如丝如缕的云彩在空中浮动着，金色的阳光穿过葱翠的枝叶在老树的阴影里洒下一大块一大块的光斑。

锵锵站在老树下，眯缝着眼睛看着这蓝莹莹的天，心情好得出奇，他决定拉李木子到×××去吃点东西。

两人点了一大堆，汉堡、鸡翅、薯条、鸡块……好心情的锵锵拿起一块鸡翅就啃了起来，好像还不够过瘾似的，又狠狠地喝了一大口可乐。

李木子坐在对面，看着锵锵那狼狈的吃相，不由得笑得眉眼弯弯。

你吃那么快，小心把骨头都吞进去。

你也快吃吧，别只看我吃。

"这就吃！"李木子顺手拿起一个汉堡。

"啊，咳，咳，咳……"锵锵突然不停地咳起来，难受得弯下了腰。

"呀，你这是怎么了？"看着锵锵那痛苦的表情，李木子有些慌了。

"咳……骨头……喉咙……"锵锵难受地用手指着喉咙。

啊，咳，咳，咳……

咳……骨头……喉咙……

呀，你这是怎么了？

呃，不会真让我给说中了吧？咋……咋办？

咳，咳……乌鸦嘴，过，过来，拍……拍我的后背。

安全提示

　　我们在吃饭时，一来不要狼吞虎咽，二来不要嬉笑打闹，否则很容易将食物呛进气管里或误吞骨刺。

自助解答

1. 吃饭时要细嚼慢咽

吃饭时要细嚼慢咽，不可狼吞虎咽，否则很容易引起消化不良。

2. 吃饭时不可说笑打闹

吃饭时不要说笑打闹，否则很容易发生噎食、呛食，严重时甚至会威胁到生命。

3. 及时就医

当被东西卡住喉咙时，可弯腰用力咳嗽几下，若咳不出来，应及时到医院就诊。

不要吃太多糖

相信大多数人都喜欢甜食，而糖果更是孩子们的最爱。但是，糖果若是吃得太多，会损害我们的牙齿。

锵锵从小就是个馋猫，只要看到好吃的东西就迈不动步，想方设法也要吃到，如果吃不到就会觉得坐也不是，站也不是，怎么都不舒坦。

谁都知道，锵锵长了满口的蛀牙，但偏偏他又"嗜糖如命"，若是被他寻到一袋糖，一会儿工夫便会消灭光。所以，百合妈妈轻易不买糖果，即便是买了，也会藏起来。

这不，今天正好跟爸爸去喝喜酒，趁着大人们推杯换盏的空当儿，他就偷偷地向那些糖果下手了。没一会儿，他的口袋里便塞满了糖果，想着一会儿就可以好好地过回糖瘾，锵锵的小嘴就再也合不上了，一直那么咧着，里边的蛀牙也时隐时现。

好不容易婚宴结束了，锵锵迫不及待地回到了家，这下好了，终于可以坐下来享受糖果了，锵锵哼着小调，找了一个不被人注意的角落，开心地吃了起来。

锵锵满足地嚼着一块酥糖，很享受地闭上了眼睛。就这样，一块接着一块，没多久，那被撑得鼓鼓的口袋便瘪了下去，他把糖果吃了个精光，心里满足极了。

可是，快乐是短暂的，他的悲剧很快就来了。瞧，晚饭时分，他正用手托着腮帮子"呜呜"喊痛，对着那满桌子的菜肴也只能叹气。这都是糖果惹的祸！

　　"到这个时候你还不说实话？"百合妈妈点着儿子的额头，"算了，赶紧去医院，估计你这次得拔牙。"

　　"啊？"听到"拔牙"这两个字，锵锵只觉得牙齿更疼了……

⚠️ 安全提示

　　晚上睡觉前，我们不宜再吃甜食，而且，应尽量不喝加了糖的牛奶。

自助解答

1. 少吃糖果和甜品

致龋的细菌最爱利用糖产生酸，破坏牙齿，从而致使牙齿形成龋洞。所以，我们应尽量少吃些糖果和甜品。

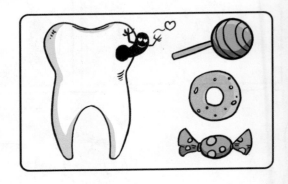

2. 每天至少刷两次牙

早晚用含氟的牙膏刷牙，因为含氟牙膏可以有效去除引起蛀牙的细菌和牙垢，让牙齿更洁白坚固。

3. 定期进行口腔检查

定期到正规医院的口腔科进行检查，若是发现问题要及时治疗。

食物中毒了

当我们吃了没有煮熟的食物，出现
食物中毒的状况时，该如何应对呢？

这个星期天，铿锵爸爸本想带着儿子去打网球的，不料公司有事，他只能将他们的约定推到下个周末。偏巧，百合妈妈的单位也需要加班，所以，周末家里就只剩了锵锵孤零零一个人。

他趴在地毯上，翻了一本又一本漫画书，又换了不知多少回电视频道，觉得时间过得好慢，用遍了打发时间的招数却发现才不过十一点半。而这时，他的肚子开始提出了"抗议"。

他将家里的冰箱翻了个遍也没发现有什么能吃的东西，摸着瘪瘪的肚皮，锵锵又躺回了地毯上。

"唔，好饿，吃些什么好呢？"锵锵跷着二郎腿思考着，突然，他心中一动，飞快地从地毯上爬起来，奔到铿锵爸爸的书桌前，小心地翻找起来。

唔，好饿，吃些什么好呢？

哇，终于找到订餐电话了。

干脆吃个清炒四季豆，再来份米饭。

锵锵订完餐，很快，他点的餐就送来了：四季豆绿油油，米饭白嫩嫩，飘散着香味。

哇，光看这色泽，就知道味道差不了。

"呃，要是再有一盘我还能吃掉。"锵锵摸着圆鼓鼓的肚皮，满足地躺在了地毯上，准备来个饭后小憩。

可是，就在他迷迷糊糊时，他突然间感觉腹痛难忍，又恶心得要命，眼看着就要坚持不住，赶紧飞奔到厕所，才蹲在马桶前，就"哇"地吐了出来……一阵昏天暗地的呕吐后，锵锵手脚有些发软，但腹部的一阵绞痛又让他坐在了马桶上，随着一股排泄物的涌出，他的痛楚才稍稍有所减缓。

安全提示

当我们吃了扁豆、蘑菇等蔬菜后，若是出现身体不舒服的症状，应及时到医院就诊。

自助解答

1. 不吃没有煮熟或变质的饭菜

不论是在家里吃饭，还是在外面用餐，一旦发现食物没有煮熟或有异味，就不要再吃了，否则很容易引起食物中毒。

2. 催吐

当我们出现食物中毒的症状，想吐又吐不出来时，可采取催吐的方法：将双手洗干净，然后将手指从嘴里伸进去，压住喉咙，则可快速呕吐。

3. 及时就医

当我们出现脱水、大汗，甚至意识模糊等症状时，便不可再耽搁，要及时到医院就诊。

偷喝白酒的后果

孩子们因为好奇而偷喝了辛辛爸爸的白酒后，会出现什么样的后果呢？

辛辛的生日赶得好巧，正好在暑假里，为了庆贺自己的生日，他特地邀请了自己最好的两个朋友：锵锵与李木子。而且，他还与妈妈约定，那天只属于他们三人，大人不许旁观。

到了辛辛生日那天，爸爸和妈妈早早地就出去了，将偌大的家交给了儿子。看着那布置得极其温馨的生日现场，辛辛有点小激动，居然比任何时候都想见到两个好友。

仿佛心有灵犀似的，很快门铃响了，打开门，辛辛用大大的笑容迎接两个好友。

　　"生日快乐！"锵锵揉着辛辛的脑袋，两人笑作一团。李木子小心地绕过他们，径直来到了客厅中央，那里摆放着一张大大的餐桌，上面摆满了好吃的，正中间还有一个图案精美的水果蛋糕。

　　"哇，这蛋糕看着就很美味的样子。"李木子眨着亮晶晶的眼睛，笑嘻嘻地看着蛋糕的主人，可惜啊，那小寿星与锵锵闹得正欢，根本就没听见她在说什么。

可惜呀，少了点什么！

少了什么？我觉得很好吃啊。

少了酒啊，有肉没酒，多没趣啊！

我家里有爸爸的藏酒呢，你等着。

　　"少了酒啊，有肉没酒，多没趣啊！"锵锵摇着小脑袋，说得头头是道。

　　"我家里有爸爸的藏酒呢，你等着。"说完，辛辛便跑到储藏室里一阵翻腾，没一会儿，果然拎着一瓶白酒出来了。

真要喝呀？

那当然。为了我们的友谊干杯。

三个人居然喝完了杯中酒，结果却被那股辛辣呛得咳嗽起来。

安全提示

过量饮酒会对我们的肝、肾造成损害，并让我们的思维变得迟钝。

自助解答

1. 青少年不宜饮酒

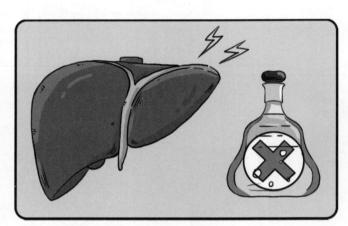

我们正处于生长发育时期，若是经常饮酒，必定会损害我们的肝脏，影响我们的正常发育。

2. 饮酒的危害

饮酒会影响我们的注意力、记忆力，让我们的思维变得迟缓，从而影响我们的智力发育。

垃圾食品的诱惑

垃圾食品虽然很诱人，但对我们的健康却没有任何好处，相反，还会产生不良的影响。

锵锵是个标准的吃货，但无奈百合妈妈对他约束很严，在家中很少让他吃零食。于是，每每在外，他便像是脱了缰的小野马，四处搜罗美食，而学校附近的小商店自然就成为他"觅食"的目的地之一。

　　那小商店虽然面积不大，但里面的零食种类还真是不少，辣条、牛板筋、薯片、果冻、牛肉干……各类零食布满货架。锵锵最爱的当属辣条和牛板筋了，每当手里的零花钱有富余，他都会偷偷地买一些，或是在课间休息时吃，或是在放学的路上吃。

　　这次，他整整攒了一个星期零花钱，趁着午休便忙不迭地奔到小店，买了一大堆辣条和牛板筋，坐在座位上便开始津津有味地吃起来。只是他咀嚼的声音有点大，吧唧吧唧，很快就吵醒了趴在桌子上小憩的辛辛。

　　锵锵看看重新趴在桌子上的好友，放慢了咀嚼的速度，声音果然小了不少。很快，那堆零食就被他消灭光了，他满足地打了个饱嗝，舒服地靠在椅背上，只等着老师来上课了。

　　语文课上，王老师正声情并茂地朗读课文，锵锵却觉得肚子里像是有一群野马在奔腾，疼痛至极，他只好打断王老师，扭捏着请完假，便飞一般地向厕所冲去……

安全提示

　　为了自己的身体健康，我们一定要抵制垃圾食品的诱惑，尽量少吃或是不吃。

自助解答

1. 少吃垃圾食品

　　垃圾食品通常都没有营养，有的还添加了不少禁止在食品中使用的化工原料，严重影响我们的身体健康，所以我们应尽量少吃或是不吃垃圾食品。

2. 及时到医院就诊

　　若是出现上吐下泻的症状，在学校时，要及时告诉老师，在老师的安排下到校医务室诊治。若是在家里，要及时告诉家长，在他们的陪同下，及时到医院就诊。

嘴馋惹的祸

路边摊上的食物虽然有着很诱人的卖相，但它们几乎都无法保证最基本的卫生安全，若是因为一时嘴馋而贪吃，那可会惹来大麻烦。

烧烤

每到夏天，学校的周边便会出现很多小吃摊，摆着各式各样的小吃：麻辣烫、烤肉串、铁板烧……散发着诱人的香味，根本不用费力吆喝，单凭那十里飘香的气味，便引来了不少人驻足，而那些背着书包的学生则成为最主要的顾客群体。

当然，对于好吃的锵锵，那些小吃无疑就是最好的饭前零食，他几乎每天放学都会买上一点，然后边走边吃，几乎是一路吃到家的。

这不，今天下午放学后，他又如往常一样来到了那卖烧烤的小摊前，看着正在烤炉上溅着油汁的羊肉串，他使劲地吞了吞口水。

很快，那些肉串就烤好了，锵锵拿着肉串先使劲地闻了闻，入鼻的依然是那一如既往的香味，紧接着他便吃起来，边吃还边满足地吸溜着。

眨眼间，十个羊肉串外加一串鱼豆腐就被他吞进了肚里。似乎还没过瘾似的，他拍着肚皮又瞄上了路边的冷饮店，买了一大杯冰冰的柠檬水，没一会儿就喝了个精光。

"哇，真是爽啊！"锵锵这下终于满意了，他抚着圆鼓鼓的肚皮，开始往家走。只是，才走了一半，他就觉得肚子里像是有人在翻跟头，一阵一阵疼得要命，疼得他不由得弯下了腰，使劲儿捂着肚子。更糟糕的是，他此时很想拉肚子。但是，举目四望，这地方连个公厕的影子都没有。

安全提示

对正处于生长发育期的我们来说，在饮食方面要更加注意，尽量少吃那些路边摊和垃圾食品。

自助解答

1. 少吃路边摊食品

不管多干净的食物，放在露天的马路边上也会沾染细菌，因此，我们应尽量少吃路边摊卖的食品。

2. 及时就医

若是出现上吐下泻的症状，在学校时，要及时告诉老师，在老师的安排下到校医务室诊治。若是病情严重，要及时到医院诊治。

土豆长芽了

土豆长芽了还能吃吗?
就让我们从下面的故事中寻
找答案吧。

锵锵的外婆生病了，铿锵爸爸与百合妈妈一早便赶去了外婆家，家里只剩下锵锵一人。他窝在沙发上看了半晌的动画片，直到肚子咕噜噜叫起来，他才从沙发上爬起来，在冰箱里翻了一遍。

没有找到任何能吃的食物，又在厨房里转了一圈，终于在储物篮里找到了土豆。只是，那是什么样的土豆呢？居然都冒出了小芽，硬挺挺的，还挺可爱。

呃，长芽了，不过应该也能吃吧。

嘻嘻，那就做个土豆丝，再蒸点米饭。哇，午饭解决了。

说做就做，他小心地切好了土豆丝，只是那"丝"粗得足可与"棒"相媲美了。就这样，捣鼓了将近一个小时，他的醋溜土豆丝终于"粉墨登场"了，再配上那蒸得软乎乎的米饭，他的第一次下厨终于成功了。

锵锵小心翼翼地夹起一根土豆丝放进嘴里，只粗粗地嚼了两下，就吞进了肚里，那味道实在不怎么样，只能勉强下咽。

哎，怎么感觉有点涩呢？算了，凑合吃吧。

呃……撑死我了。

锵锵打了一个饱嗝，摸着那圆鼓鼓的肚皮，直接就躺到了沙发上午休。突然他感觉胸口一阵发闷，猛然惊醒，那种发闷感愈发强烈，不仅如此，嘴巴里也有种灼烧感，甚至还有种想呕吐的感觉。

安全提示

其实，不仅长了芽的土豆不能食用，那些表皮呈现青色的土豆，同样不能食用。

自助解答

1. 长芽的土豆不能吃

  长芽的土豆中含有一种叫龙葵素的毒素，若是不小心吃了长芽的土豆，轻者胸闷口热、发烧、上吐下泻，重者则会出现昏迷，甚至会引起死亡。

2. 自救方法

  当吃了发芽的土豆出现不适症状时，可进行催吐，或是吃泻药，从而排出肠胃里残留的毒素。

3. 及时就医

  若是症状严重，要及时到医院就诊。

吃面条别猛吸

吃面条时，若是我们一个劲儿地猛吸，会出现什么样的状况呢？

今天，学校的午餐是西红柿鸡蛋面，那可是辛辛的最爱，他能吃整整一大碗。

所以，当面条端上来时，辛辛简直乐开了花，他挑起一根面条放进嘴里，闭上眼睛慢慢地嚼着。看着他那享受的样子，锵锵突然心中一动。

面条王，我有个建议，咱来个吃面比赛怎么样？若是我输了，晚上还请你吃面条。

你请我吃×××。

那要是我输了呢……

好呀，比就比，你输定了。

"嘻嘻，那就开始喽。"锵锵笑得狡黠，而随着这几个字的进出，辛辛开始飞快地吃起面条，只见他直接趴在碗沿边，用筷子将一大堆面条扒拉进嘴里，用力吸着，还发出"呼呼"的声音，然后只简单地嚼了两下，便咽了下去。而锵锵呢，却吃得很是悠闲，甚至比平时吃饭都慢了三分。

嘻嘻，那就开始喽。

也许是五分钟，也许更短，仿佛是眨眼间，辛辛就将一大碗面条消灭干净，他满足地一抹嘴，然后往锵锵那边瞟了一眼，结果发现他的碗里居然还有一大半面条。

"哈哈，你输了。"辛辛大笑着，可是他还没笑几声，就觉得有股劲儿直往喉咙上顶，他不由俯下身，只听"呕"的一声，一股带着怪味的东西便从喉咙中涌了上来，紧接着便是那才被他吃进肚子里的面条，一股脑地倾泻而出，那黏汁溅了锵锵一身……

⚠ 安全提示

不管吃什么食物，我们都要细嚼慢咽，千万不可囫囵吞枣，否则不但给肠胃增加负担，而且还会引发多种症状，如打嗝、噎住等。

自助解答

1. 即使是很容易咀嚼的面条，吃起来也要细嚼慢咽。

2. 吃面条时不要猛吸，以免卡在喉咙里，引起呛咳。

美味的巧克力

巧克力有着非常醇美的味道，但却不宜多吃，至于具体原因，就让我们从下面的故事中寻找吧。

在众多的零食里，李木子最爱的就是巧克力，那浓浓的醇厚香味，那丝一般的柔滑，真是让她每时每刻都想含一块在嘴里。

只是，巧克力热量太高，妈妈担心她吃多了会长胖，所以对她限制得严，她也只能像锵锵似的——偷偷地吃。

这不，当得知妈妈要加班的消息后，她自己买了一桶巧克力，便窝在沙发上，一边吃巧克力，一边看电视。

哇，真是美味。人生一大幸事莫过于吃巧克力了。嘻嘻，我真是幸福啊。

巧克力仿佛有一种魔力似的，让她不由自主吃了一块又一块，直到她剥完最后一块巧克力的包装纸，才意识到自己整整吃了一桶。

呃，我可真能吃。不过，我怎么觉得还没过瘾似的。不成，得好好回味回味。

为自己找了一个看似很恰当的理由后，她便舒舒服服地躺在沙发上，进入了梦乡。只是，正在她迷糊时，突然觉得胃中一阵翻腾，辗转了几下，好不容易睁开了眼睛。结果，还没等她从地板上爬起来，便"哇"的一声，吐出了一股褐色的液体……

安全提示

巧克力不能一次吃太多，否则很容易发生胃酸、腹胀、腹泻。

自助解答

1. 过量食用巧克力的危害

巧克力所含的热量过高，吃多了不但容易让我们发胖，而且还会降低我们的食欲。

2. 过量食用巧克力的症状

巧克力吃得过多，不但会让人恶心，而且会致使肠胃生病，出现如胃酸、胃痛、腹胀、腹泻等症状。

炎炎夏日，冰镇的饮料一向是我们的最爱，但一时的贪凉过瘾，却往往会为我们的肠胃带来麻烦。

冷饮

七月烈日灼人，但是再高的温度也阻挡不了两个孩子玩真人CS游戏的热情，瞧，他们正打得火热。

一个小时之后，两个人体力逐渐下降，汗水直流。

不玩了。真热！

是够热的，咱去吃冷饮吧。前面有个冷饮店，那里面的东西还不错。

二人一拍即合，小跑着来到冷饮店，刚推开店门，迎面就吹来一阵冷风，俩人顿感舒爽。

老板，给我们来两杯加冰的青桔水，再来两份刨冰、两份冰激凌。唔，就要这么多吧。

很快，他们要的冷饮就全都上齐了，看着那颜色鲜美还冒着凉气的冰激凌，两人不由食指大动。

　　没一会儿，果真所有的冷饮都被消灭光了，拍着被冷饮胀得圆鼓鼓的肚皮，锵锵心满意足地与辛辛告别，然后迈着大步往家里走去。然而，他才看见小区的大门，就感觉腹部一阵刀绞般的疼痛，疼得他不由得蹲了下去，用手捂着肚子，脸色也开始慢慢泛白……

安全提示

　　即使是在炎炎夏日，也不能一次大量食用冷饮，以免损伤肠胃。

自助解答

1. 吃冷饮不宜过量

即使天再热，也不宜吃太多冷饮，否则会影响人体自身对食物的消化吸收，引起腹泻或是腹痛。

2. 不宜在饭前或饭后吃冷饮

若是在饭前吃冷饮，则会影响我们的食欲；若是在饭后立即吃冷饮，则很容易引起肠炎等疾病。

3. 及时就医

一旦发现自己有不适症状，而且情况严重时，要及时到医院就诊。

我拉肚子了

当我们出现拉肚子的症状时，该怎么办呢？

吧它放在冰箱里。你不是自
为勤劳的小蜜蜂吗，做这点
小事儿应该没问题吧？

哇，这个西瓜可真
够大的。

唔，我去放。

嘻嘻，你好好地冰
着，看我晚上怎么
"收拾"你！

　　大概晚上八点半，锵锵就开始央求着铿铿爸爸切西瓜。没一会儿，一大盘西瓜就端上来了。只见那红色瓜瓤一块一块地躺在水晶盘里，还真是"美艳诱人"。

114

没一会儿，一盘子西瓜就被锵锵吃光了，他打着小饱嗝，心情大好地冲个凉，便钻进了空调被里，准备睡觉了。

可谁知，肚子却在此时跟他唱起了反调，一阵比一阵疼得厉害，而且还有了拉肚子的强烈欲望。没法子，他只得一趟一趟地往卫生间跑。这时，他才深切体会到什么是"不听老人言，吃亏在眼前"。他只好去找百合妈妈求助，结果被数落了一顿，又被灌了一剂药后方得安宁。

⚠ 安全提示

当我们拉肚子时，宜吃些清淡、容易消化的食物，如面条、白粥等。

自助解答

1. 西瓜不宜吃太多

西瓜中含有大量水分，会冲淡胃液，若一下吃太多，很容易引起消化不良，出现腹泻的症状。

2. 腹泻时须补充水分

急性腹泻常常会使我们出现脱水或是电解质紊乱的现象，所以此时需补充水分。

3. 及时就医

当症状严重时，要及时到医院就诊。

　　其实，有不少东西都不适宜我们在空腹时吃，否则很容易引起肠胃方面的疾病。

王老师的一个朋友有一座橘子园，他与朋友商量好，要组织班里的学生周日去橘子园里采摘，那朋友很慷慨，欣然应允。

周日那天，风和日丽，天空瓦蓝，还真是个适合出游的好日子。一大早，王老师便带着同学们来到了橘子园，闻着那满园的橘子香，孩子们的心都醉了，恨不能马上就摘下来尝一尝它的味道。仿佛是看出了他们的心思，王老师笑眯眯地让孩子们自行去摘橘子，而他则找朋友叙旧去了。

没一会儿，橘子园里便热火朝天，到处飘着孩子们欢快的笑声。

木子，接着。

哇，这个可真大。

"唔，真好吃。"她朝着锵锵做个鬼脸，"多摘几个，我可是空着肚子来的。"

唔，真好吃。多摘几个，我可是空着肚子来的。

你可真是……

"你可真是……"锵锵笑着摇摇头，又摘了几个橘子，一股脑儿地都丢给了李木子。而李木子呢，一阵大嚼后，就将那些橘子全都吞进了肚子里。然后，她摊摊双手，示意锵锵再摘几个。

可是，很快，木子的胃就开始向她提出"抗议"，不但酸胀难受，喉咙里还一个劲儿地往上涌酸水。

"呃，我的胃好难受。"李木子捂着腹部，额头上沁出了一层细汗。

"一定是吃橘子吃的，你先忍着点，我去找王老师。"锵锵担忧地看了李木子一眼，便飞奔着去找老师了。

⚠ 安全提示

其实，空腹也不宜洗澡，以免发生低血糖，出现疲劳、头晕，甚至休克的症状。

自助解答

1. 不宜空腹吃的食物

有些食物是不宜空腹吃的，如橘子、柿子、牛奶、西红柿、香蕉、荔枝、黑枣、山楂及冷冻品等。

2. 及时就医

当发现自己出现不适症状后，要及时到医院就诊。

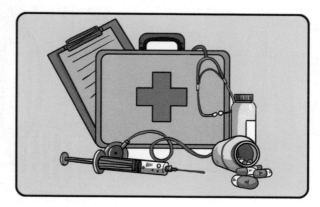

不小心吞下了异物

当我们喝饮料时，不小心把瓶盖里的垫片吞了，该怎么办呢？

"将瓶盖含在嘴里，不许吞咽口水，看谁坚持的时间最长。"锵锵边说边拧下瓶盖，顺势就放进了嘴里，含糊着说，"怎么样？"

"那咱们就开始了啊。"锵锵说完便率先将大瓶盖放进了嘴里，
另外两人紧随其后。

一分钟，两分钟……没一会儿，李木子便坚持不住了，她赶忙将
瓶盖吐了出来，紧接着就是辛辛。看着那两人涨得有些发红的脸，又
想着自己是胜者，锵锵再也控制不住，嘻嘻笑起来。正在得意时，他
突然觉得有什么东西滑进了自己的喉咙，然后就卡在了那里。

"糟糕，他把瓶盖里的垫片吞进去了。"辛辛捡起地上的瓶盖查看着，"不成，得赶紧去医院。"

安全提示

如果我们不小心吞咽下了异物，不要随意乱动，否则很容易让异物滑进胃里。

自助解答

1. 不要随便将异物放在嘴里

不要用嘴巴含瓶盖等异物，否则很容易将异物吞咽进去。

2. 喝饮料要小心

喝饮料时也要小心，因为垫片有可能会粘在瓶口上，若是不注意，很可能将其吞下去。

3. 及时就医

一旦不小心吞咽下异物，要及时到医院就诊。

好美的蘑菇

并非所有的菌类都能吃，
有的蘑菇是有毒的。

一连下了几天雨，天终于放晴了，看着那碧蓝的天，呼吸着那清新的空气，锵锵兴致极高地拉着辛辛来到了郊外，欣赏雨后美景。

辛辛本来是极不情愿的，不过，当看到了那葱翠的树木、嫩绿的野草、娇美的小花儿后，他就再也板不住脸了，很快便跟在锵锵身后，向树林深处走去。

哇，你看，蘑菇哦。

这蘑菇可真好看。你说，它能吃吗？

　　没一会儿，俩人就采了一大堆，然后伴着余晖匆匆奔回了家。不过，晚上等待他们的不是鲜美的蘑菇汤。因为他们采的那些蘑菇是有毒的，只要吃一点点，就会出现头晕眼花、四肢无力的症状。幸好，百合妈妈认识这种蘑菇，要不然，还不一定是什么后果呢。

⚠ 安全提示

　　当我们在野外发现一些不认识的或是从未吃过的蘑菇时，千万不要采摘食用。

自助解答

1. 毒蘑菇长什么样

有毒的蘑菇大都色彩鲜艳，菌盖中央呈凸状，形状怪异，而且有股怪味，不像食用菌那样有种特殊的香味。

2. 误食毒蘑菇怎么办

若是误食了有毒的蘑菇，一旦出现不适症状，要及时到医院就诊。

面包长"雀斑"了

若是我们不小心吃了发霉的面包，该怎么办呢？

很不幸，今天学校的午餐又是蛋炒饭，锵锵同样又随便吃了两口便撂下了筷子。结果，才上完下午第二节课，他的肚子就开始叽里咕噜地向他提出抗议。没法子，他只得向李木子求救。

木子，木子救命！我要饿死了，你那儿有吃的吗？

你等等，我找找。

"你等等，我找找。"李木子在书包里一阵翻腾，却什么都没有找到，她只好摊摊手，"对不起啊，让你失望了。"

"唔……"锵锵耷拉着脑袋，"肚子啊，只能继续委屈你了。"

啊，锵锵，你的命可真好啊。你看！

安全提示

⚠️ 不管是什么食物，不管它如何美味，一旦变质，我们都不应再继续食用。

1. 不吃变质的食物

当发现食物变质后，我们就不要再吃了，以免引起食物中毒。

2. 催吐

当发现自己吃了变质的食物，并伴有轻微的不适时，我们可进行催吐：先洗干净双手，然后用手指刺激舌根部催吐，也可大量饮用温开水反复进行催吐。

3. 及时就医

若是症状严重，我们要及时到医院就诊。

安全笔记